PEQUEÑOS EXPIATORIOS

Dirección editorial:
Claudio Roncoli

Diseño:
COCORONCO

Textos:
Osvaldo Mastromauro
Carlos Fernández Balboa
Ariel Pennisi

Fotografías:
Laura Mariategui

Producción editorial:
WIL Edit

Traducción:
Laura Varela

Corrección:
Juan García Gallo

Impreso en:
Imprenta Chilavert

1a ed. - Buenos Aires : Quadrata, 2008.
88 p. : il. ; 22x24 cm.

Queda hecho el depósito que establece la ley 11.723
ISBN 978-987-631-003-1

1. Catálogo de Arte. Título CDD 708

Fecha de catalogación: 24/10/2008

ALEJANDRO VARELA

"Este es Colita"; óleo y collage sobre tela; 120 x 90 cm; 2006

"Este es Bobby"; óleo y collage sobre tela; 120 x 90 cm; 2006

Pequeños expiatorios.

Prof. Osvaldo Mastromauro
Asociación Internacional y Argentina de Críticos de Arte.
Primavera 2008.

"Perro guardián"
Oleo y collage sobre tela
60 x 95 cm
2006

Se ha mencionada repetidamente la capacidad redentora y salvífica del Arte, sea para expiar fantasmas, como para rellenar los huecos existenciales con que la vida nos ha ido vaciando; claro que ello es suplementario, porque nada reemplaza la presencia de la obra, y pronto los motivos esgrimidos caen ante la verdad que ella grita a voces. Su valor testimonial prontamente es excedido por el artístico, dado que el primero es condición quizás necesaria pero jamás suficiente para la materialización de aquella.

La niñez como estado y circunstancia predatorias (sobre todo en su forma pasiva), reducen a fantasmagoría aquello que suele presentarse como estado ideal. Es el deformante recuerdo quien la recupera, pues no se es conciente de su estar, al menos hasta tornarse adulto: pocas veces coincide con el edulcorado paisaje que de ella se vende como producto publicitario. Su significación positiva se evapora porque su realidad se desvanece. En suma, un paraíso artificial.

El collage como forma de memoria. Alejandro Varela refleja sobre esta situación trabajando en formato de collage, armando con retazos una realidad esquiva, muchas veces indiferente, como suele ser esa lejana antesala de la madurez (que mientras se vive se consume en su propio transcurrir, y luego regresa a través de la dispendiosa memoria): mediante texturas, incorporación del paisaje urbano, inclusión de letras y otras legítimas licencias plásticas, perfila y encuadra sus desvalidas figuras, observando con minuciosidad,deteniéndose en detalles que alargan la silueta, otras la engrosan para mostrar la discriminación o los malos hábitos alimenticios, retratando con ternura al mismo tiempo que denunciando las inequidades que la habitan. Sus expresivas figuritas, entre el margen y la periferia de la ciudad, se mueven entre cierta quietud y la invitación a la acción: indican, señalan, en general con aire

"¿Querés un poco?"
Oleo y collage sobre tela
80 X 100 cm
2006

levemente entusiasta; otras sacando fuerzas de flaqueza para, de entre los muros que detentan su hábitat, individualizarse ante tanta monotonía, que todo lo iguala.

Sobre testimonios y otras inequivalencias. En esta personalísima visión, Varela trasmuta los escenarios diversos de la vida del barrio en escenas que, cercanas a la aproximación o retrato psicológico, describen la inocencia de la niñez floreciendo junto a la culpa. Para ello, afila la mirada para penetrar esta encubierta realidad, poniendo al descubierto sus entrañas, negándose a la cómplice visión de producción y consumo que otras corrientes proponen. Su expresividad se da naturalmente, a través de empastes y texturas, que hacen planas las figuras, carentes de espesor, cuasi muñecos librados a un viento invisible que sólo les permite jugar, aunque una secreta intensidad los recorre, como a sabiendas de que pese a sus figurillas casi esperpénticas, pasarán a la historia por la magia del retrato pictórico.

La omnipresente sombra de Antonio Berni se cierne, más como punto de partida que de arribo, por las capas sociales que enfoca, (especialmente las menos favorecidas), y a sabiendas de que todo vale en el cuadro, mientras éste conserve su individualidad: la ajustada gama cromática que Alejandro Varela utiliza se aviene tanto con los personajes escogidos como con las modestas casitas, pegatinas en las paredes, y hasta el ropaje que cubre como al descuido a esos niños del exilio, mientras estos exhiben con orgullo la camiseta de su modesto club, o las niñas secretean entre sí.

"Delivery Boy"
Oleo y collage sobre tela
140 x 110 cm
2006

Expiaciones sin culpa. La precariedad de la niñez es mostrada como aquello a expiar: la aitía o culpa griega, que luego el cristianismo convertirá en pecado. En este subsistema de signos, sus figuras son atravesadas por el flujo que la contaminación global extiende a montaje, anónimos mandatos de un mundo que A.Varela resguarda bidimensional al tiempo que denuncia a través de lo nominal en sus cuadros; léanse al respecto los títulos con que da la temperatura socio-estética de ellos: Dale campión, De ayá somos, El gordo al arco, Dame la guita, y otros con acento crítico tales como Llame ya y Arte BA. En suma, abstracto codicilo cuyos trazos y colores proporcionan fuertes indicios para descifrar formas inequitativas de lo real.

Si bien su pintura enfila hacia lo que usualmente se denomina figurativa, se sustenta en una economía simbólica de alto valor conceptual, dando señas de una manifiesta identidad, recortando un espacio temporal que hace suyo con particular eficacia. El cuadro, en tanto lugar de encuentro del espectador con el creador, se manifiesta en tanto materia transfigurada por la acción humana, que exhibe caracteres de este particular espécimen, capaz de dañar a sus congéneres sin motivo alguno.

La elección de la primera edad y cierta connotación serial colocan a Alejandro Varela en un lugar particular de observación, que devuelve con agudeza, collage citado mediante, sin ser estentóreo, como quien está lidiando con un tema candente; fresco y sapiente en sus resoluciones plásticas.

"Avanza"; óleo y collage sobre tela; 90 x 160 cm; 2008

Patito Feo
La historia más linda
Lunes a Viernes
18:00

El arte como expresión de la identidad.

Lic. en Museología Carlos Fernández Balboa.
Consultor en gestión del patrimonio.

"Noche letrada"
Técnica mixta sobre cartón
33 x 32 cm
2008

Hay algunas "verdades populares" que suelen manifestarse en el mundo del arte. La primera es ese preconcepto que existe entre los que no pertenecen al universo artístico, o la de aquellos iniciados que suponen que para disfrutar de una obra hay que ser un especialista. Haciendo una analogía, esto supondría que para escuchar música habría que saber solfeo o poder leer una partitura. Sin embargo en muchos museos y galerías, las exhibiciones o la forma en cómo se cuelgan las obras se empeñan en exponer para "los especialistas", dejando de lado a aquéllos que asisten por primera vez a este tipo de eventos.

En ese sentido parecería que sigue habiendo una "cultura del arte" y una "cultura popular", diferencia incentivada por los propios medios que consumen arte. Incluso esto se nota en los museos públicos y entonces queda en manos y decisión de la expresión del artista la posibilidad de que se pueda acceder más fácilmente a su obra.

Este es el caso de la pintura de Alejandro Varela. Tal vez el trazo o la temática que aborda permite romper esa visión "elitista" del acercamiento al arte con un enfoque más cercano, más abierto a la percepción de quien está mirando la obra. Incluso sin proponérselo, toda la pintura de Varela resulta motivadora, inclusive aquélla que puede clasificarse como la más abstracta, nos está "relatando", transmitiendo algo concreto, en muchos casos unívoco. Una luz, un color, un trazo que es identitario de un espacio, de un lugar. Para los que conocemos la Argentina, o más específicamente la ciudad de Buenos Aires, la obra de Alejandro Varela tiene una

"Sin escala"
Oleo y collage sobre tela
50 X 50 cm
2007

identidad definida. Basta ver algunos trabajos como "Dale Campión" o "El gordo del arco" para darse cuenta que tienen una visión argentina, son hechos propios y más específicamente "porteños" sobre los que se expresa, aunque la representación artística puede ser interpretada universalmente.

Y esto es otra cuestión que también se presta para el debate. ¿El arte ayuda a la concreción de una identidad? ¿Existe un arte "argentino"? Cuando nos hacemos esta pregunta obviamos aquellas expresiones que son indiscutidas, características del arte costumbrista o el iconográfico, aquel que referenciamos pensando en las obras de Quinquela Martín con toda su serie de La Boca o las obras testimoniales de Pridiliano Pueyrredón, o Antonio Berni, por mencionar algunos autores que son indudablemente producto de su espacio y de su tiempo. Más allá de gustos y estilos este es un arte concretamente argentino.

Pero la obra de Alejandro Varela nos lleva a otro plano, no tan lineal; en ella podemos ver otros aspectos de la representación de los paisajes urbanos y sus personajes. Hay elementos como la luz de los trabajos (esa luz porteña), la construcción de esos paisajes que, sin remitir a algo específico, nos ubican en una geografía conocida, en los gestos de esos chicos retratados (parte ineludible del lenguaje propio de una cultura), en los colores, (imágenes con las cuales convivimos) que hacen que un trabajo tenga mayor afinidad, conexión, con la sociedad desde donde se produce el mismo.

"Mi bandera"
Oleo y collage sobre tela
50 X 50 cm
2007

La respuesta sobre si el arte contribuye a la creación de la identidad no es definitiva. Pero para los que trabajamos en la conservación y comunicación del patrimonio, entendiendo a éste como un elemento identitario de una sociedad que los preserva, es positiva.

Indudablemente un pintor transmite en su arte muchas cosas que no se propone al realizar su obra. Algo que prevalece más allá de su intencionalidad como artista. Eso es lo que se denomina "Patrimonio intangible, esa parte de la cultura inmaterial, de algo que no se manifiesta físicamente pero que está. Sucede con los colores, con los aromas, con la música. Estos representan un "soy de aquí", "yo soy esto" o "aquí sucedió esto"... que está exteriorizado implícita o explícitamente en toda obra de arte. Y, a pesar de su aparente inmaterialidad en la expresión, esto se evidencia en la pintura de Alejandro Varela.

Es, sin duda, un valor agregado a la mera expresión pictórica pero para muchos no es un valor menor, sobre todo para un pueblo como el nuestro que está en la búsqueda permanente de su identidad. ¿O es que tal vez esa búsqueda sea nuestra identidad y las obras de los artistas como Varela, buscándola, así lo reflejan?

"¿Allá vamos?"; óleo y collage sobre tela; 110 x 140 cm; 2007

Cristina quiere cambios graduales
$990

Agusti - Moccioli S.A.
SABES CUANTO VALE
CONTADOR
ESTE ES EL LUGAR
SE VENDEN.

"Me dijo"; óleo y collage sobre tela; 120 x 120 cm; 2007

Niños pintados.

El siguiente texto es un extracto del ensayo "Lo que un niño puede".

Ariel Pennisi
Cocinero, investigador independiente en filosofía y ciencias sociales, docente, integrante de la Asociación Civil Arte Sin Techo.

A su manera, el arte dice lo mismo que los niños.
Gilles Deleuze

"Culpable"
Oleo y collage sobre tela
140 x 200 cm
2007

Las series de niños propuestas por Alejandro Varela ostentan cierta rusticidad, una extraña armonía tonal y una economía cuidada de elementos. Rápidamente, el "tema" asoma entre los recursos pictóricos y grita: "niños solos en la urbe". El contraste, entonces, no se produce entre el fondo y la figura o entre los colores, sino entre el dramatismo del "tema" y la cautela de la pincelada; como si el pintor intuyera que se trata del cuidado. ¿Cómo mostrarlos? ¿Hasta dónde exponer al "tema", es decir, en algún punto, a los niños?

Observando la errancia de los gestos infantiles, la económica composición operada para que una seña tenga lugar, cierta indefinición entre niño y ciudad, como dos planos separados por la mínima luz necesaria; podemos afirmar que la representación fácil está tan presente como truncada; que el "tema" es tan evidente como oscuro y que, en definitiva, sabemos tanto sobre él, como lo poco que nos disponemos a pensarlo. Las series parecen provocarnos: "sí, son niños solos, ¿y qué?"

Estos niños pintados se desplazan entre movimientos pictóricos, se identifican de hecho con esos movimientos. El gesto que se descubre en ellos parece por un instante despegarlos del cuadro. Nunca dirán, restarán casi mudos, por-decir en el gesto. Entre ese gesto y esta palabra (ni hablar de este texto…) hay un abismo. El vacío que separa infancia y lenguaje. Agamben lo llama experiencia humana.

La niñez es la posibilidad siempre viva de constituirse a partir de una constelación afectiva recorrida. Gatear, caminar, avanzar apoyándose en muebles, paredes y personas por igual, hablar, gesticular, reír. Los haceres del niño son siempre anteriores a los quehaceres del adulto. Les anteceden por no dejarse interpretar con facilidad, por presentar cierto desorden frente a la domesticidad, por mantenerse a salvo de la costumbre y su inercia inherente. Si la miniaturización del rol adulto operada por el juguete puede servir, en

"El vestido a lunares"
Técnica mixta sobre papel
31 x 31 cm
2008

manos de un niño, a un nuevo uso, es decir, una apropiación singular o, por qué no, un nuevo viaje, la amplificación con que el adulto intenta representar al niño produce cierto escozor por cuanto relega la potencia infantil a una dimensión puramente imaginaria e incluso grotesca.

La comparación entre el arte y los niños debe su pertinencia al modo en que, en ambos casos, los trazos y trayectos definen una consistencia interna legible a través de una cartografía afectiva y relacional. La intimidad de un niño no está plagada de fantasmas, sino de trayectos. Los fantasmas, tal como los niños se los representan, vienen de afuera y abonan la función protectora de los adultos. Del mismo modo, la "intimidad" de una pintura no está hecha de los fantasmas del pintor, sino de direcciones internas que arman terrenos de color, de textura, de líneas, de luz. Por ejemplo, en las series de niños de Varela, el papel higiénico está dispuesto sobre la tela para la construcción de un rostro infantil cuyos límites están dados por la materialidad de los recursos pictóricos. Aventurarse allí es la tarea específica del pintor.

En uno de sus trabajos, dos niñas parecen compartir el título del cuadro: "Allá vamos". ¿Pero se trata de una afirmación o de una pregunta? ¿Cómo podrían conocer tan claramente su destino? En todo caso la afirmación resultaría una contradicción en sus términos, ya que de conocer tan precisamente su futuro próximo, las niñas estarían por ello mismo esperando su cumplimiento efectivo. En ese caso deberíamos corregir el título —no sin cierta cuota de insolencia—: "Allá estamos". Ahora bien, si cambiamos el signo de nuestra corrección, el resultado puede ser también diferente: "¿Allá vamos?". Es el tono específico de casi todas las series presentadas por

"Cocinando"
Oleo y collage sobre tela
100 x 90 cm
2005

Varela. Entre la pregunta, propia de los niños, y cierto conocimiento angustiado ligado a la mirada resignada del adulto, se construye un clima extraño. ¿Podrá la niñez, como instancia de la experiencia, plantear su pregunta? ¿Qué quedará de esos chicos que hacen señas, solos o entre ellos, en la urbanidad chata pintada apenas detrás de sus espaldas? La infancia no es una etapa que se supera de una vez por todas, pero, según el clima extraño planteado por la provocación pictórica —y teniendo en cuenta algunos títulos—, el riesgo de su extinción hace peligrar la vitalidad de su pregunta.

¿Cómo preguntan los niños? La pregunta de un niño es insistente. Es la pregunta como insistencia. Un niño quiere preguntar y no necesariamente le interesan las respuestas. Pregunta pero no quiere saber. Para un niño preguntar no significa avocarse a un saber; preguntar es antes un hacer. Además, si hay pensamiento infantil, éste está más cerca del hacer que del saber. Las respuestas cansadas de los padres dejan ver el desfasaje entre el entusiasmo de la pregunta, del preguntar en cuanto hacer, y la respuesta desde lo sabido que ya no hace. Y es que para el adulto la pregunta aparece como signo de duda de ese Yo pequeño y carente de respuestas. Para un adulto toda pregunta sin respuesta resulta dramática en la medida en que denuncia algo irresuelto. La pregunta retórica, por ejemplo, expresa, cuando no tragedia, fatalismo. La pregunta infantil no tiene nada de retórica y a veces supone respuestas bastante obvias. En esos casos los niños preguntan sonriendo e incluso buscando complicidad. Estamos al borde de la ironía, figura que desmiente la imagen ingenua de la infancia. La ironía consistiría en preguntar lo obvio dejando ver el carácter obsoleto de la respuesta. Una pregunta que hace y una respuesta que sólo dice vaciada de toda efectividad. La pregunta, en ese punto, habita un límite, casi se responde sola, casi no es una pregunta en sentido lingüístico, es casi un puro hacer.

"Fueella"; óleo y collage sobre tela; 50 x 100 cm; 2007

"Game over"; óleo y collage sobre tela; 50 x 100 cm; 2007

"Waiting"; óleo y collage sobre tela; 120 x 70 cm; 2008

"Cuanto cuesta"; óleo y collage sobre tela; 120 x 70 cm; 2008

"De aya"; óleo y collage sobre tela; 120 X 180 cm; 2007

"Vamono"; óleo y collage sobre tela; 120 x 180 cm; 2008

"Jassta"
Oleo y collage sobre tela
140 x 100 cm; 2008

"Quitarán el uso"
Técnica mixta sobre cartón
38 x 33 cm; 2008

"Avos"; óleo y collage sobre tela; 120 x 120 cm; 2008

AVOS
LA CIUDAD

San Ceferino
Estancia y spa
Granja, caballos, fútbol, vóley y juegos infantiles. Reservas: (0220) 482-5062 / info@la-escondida.com.ar / www.la-escondida.com.ar.
Alta calidad en pleno campo. Cuenta con spa, caballos, carruajes, fútbol, vóley, tenis, bicicletas, piscina, tambo y laguna. Reservas: (02323) 441-500 / coordinacion.ventas@estancia sanceferino.com.ar / www.estanciasanceferino.com.ar.
A 50 km de Bs. As. y 16 km pasando Marcos Paz por Acceso Oeste (peaje, $ 1,70); en km 29, desviar hacia Merlo, cruzar la vía y seguir por ruta 200.
A 70 km de Bs. As. por ruta 8 (Panamericana ramal Pilar) y 4,5 km a la izquierda por ruta 6; peaje, $ 2,20. Opción: Acceso Oeste y ruta 6 hacia la derecha.
$ 42 Día de campo: entradas, gaseosas, asado, ensaladas, postre y actividades; de 3 a 11 años, $ 22; dde. 1era Junta, colectivo 136.
$ 190 Almuerzo, merienda y actividades; 1 d./1 n. en habitación estándar, pens. completa, $ 330. Día spa, media pensión, $ 220.
AUTOS
AEREOS
MADRID PROMO JOVEN - ANUAL 1150
MADRID 695
MIAMI 612

Página 34: "Espera"; técnica mixta sobre papel; 29 X 29,5 cm; 2007 - Página 35: "Va a llover"; técnica mixta sobre papel; 31 x 34 cm; 2008

"Urgente"; técnica mixta sobre cartón; 31 x 30 cm; 2008

URGENTE

"Se rompió"; óleo y collage sobre tela; 50 x 100 cm; 2007

"Mirá vos"; óleo y collage sobre tela; 100 x 150 cm; 2007

5
7
LLA

"Arte ba"; óleo y collage sobre tela; 140 x 200 cm; 2007

"Fueel"; oleo y collage sobre tela; 50 x 100 cm; 2007

ON
NO
I&ES
20
08

"ies"; óleo y collage sobre tela; 90 x 130 cm; 2008

"Llame ya"; óleo y collage sobre tela; 90 x 130 cm; 2008

1245789
LLAME
YA
E YA

"De allá somos"; óleo y collage sobre tela; 50 x 100 cm; 2007

"¿Y ahora qué?"; óleo y collage sobre tela; 120 x 200 cm; 2008

YPF

evo Suzuki Swift
Más respaldo post-venta
www.carone.com.ar • 0810-999-2276 (C
Un león a precio increíble

"Dale campión"; óleo y collage sobre tela; 50 x 100 cm; 2007

"La vieja del Rauli"; óleo y collage sobre tela; 70 x 120 cm; 2008

2
10

"No por ay"; óleo y collage sobre tela; 50 x 100 cm; 2007

"Dame la guita"; óleo y collage sobre tela; 50 x 100 cm; 2008

No
GUITA
AGU

"El gordo al arco"; óleo y collage sobre tela; 130 x 200 cm; 2007

VITAL
un triunfo sufrido
No se puede describir una ale
Conocé las 7 nuevas
Maravillas del mund

NEDE S
DE SE
SE VEND
ENDE
NDE S
VENDE

Página 64: "El zorro"; óleo y collage sobre tela; 50 x 50 cm; 2007 - Página 65: "El niño argentino"; óleo y collage sobre tela; 50 x 50 cm; 2008

"El fútbol argentino vale oro"; técnica mixta sobre cartón; 47 x 41 cm; 2008

El fútbol argentino vale oro
Peter Capusotto
2

ADIADOR
T
ZAPPI
701 78

Página 68: "El dueño de la pelota"; óleo y collage sobre tela; 120 x 120 cm; 2008 - **Página 69:** "El arquero"; técnica mixta sobre cartón; 30 x 29 cm; 2008

"El dueño de la pelota"; técnica mixta sobre papel; 30 x 32 cm; 2008

T
R
788 7

00 239 21 2002
easy
ALEJANDRO A. VARELA

R
Amarilla
Roja
Azul

Página 72: "Voy a cruzar"; óleo y collage sobre tela; 50 x 50 cm; 2008 - Página 73: "Cruce"; óleo y collage sobre tela; 50 x 50 cm; 2008

"La banderita"; técnica mixta sobre cartón; 33 x 33 cm; 2008

Página 76: "Volviendo a casa 2"; óleo y collage sobre tela; 70 x 180 cm; 2008 - Página 80: "Volviendo a casa"; óleo y collage sobre tela; 70 x 160 cm; 2008

es al extérior y
cio. No parece irle
rno la ayude con sus
ho menos que la op
El Gobierno que se
pedir no varió res
llegó hace

Br//

Historia personal:

1963 Nace en Buenos Aires, Argentina. / *Born in Buenos Aires, Argentina.*

1988 Graduado como Arquitecto en la Universidad de Buenos Aires. / *Graduated as Architect in the Buenos Aires University.*

1987 / 97 Estudió pintura en los talleres de Roberto Bosco y Alberto Ferrara. / *Studied painting with Roberto Bosco and Alberto Ferrara.*

1998 Dictó cursos de pintura y dibujo en los talleres " La Carpintería ". / *Taught painting and drawing at the workshop " La Carpintería".*

2000 Actualmente trabaja y enseña en su taller de Núñez, Capital Federal, Argentina. / *Works and teaches in his own studio in Nuñez, Buenos Aires.*

Principales exposiciones:

2008 Galería Sharon, España. Colectiva. / *Sharon Gallery, León, Spain . Collective exhibition.*
Galería Piso Uno, La Plata, Argentina. / *Piso Uno Gallery, La Plata, Argentina.*
Feria de Arte Arteclásica. Domínguez Art Dealer. / *Art Fair Arteclásica. Domínguez Art dealer.*

2007 Pintores Argentinos, Texoart, Miami / *Argentine Painters, Texoart, Miami.*
Galería L´indicatore, Primaverile Romana, Roma. / *L´indicatore Gallery, Primaverile Romana, Roma.*

2006 Galería Amancio, Buenos Aires. / *Amancio Gallery, Buenos Aires.*
Palacio Guicciardini, Milán, Italia. Colectiva. / *Guicciardini Palace, Milán, Italy. Collective exhibition.*
Galería Senato, Milán, Italia. / *Senato Gallery, Milán, Italy.*

2005 Galería Pegasus, Buenos Aires. / *Pegasus Gallery, Buenos Aires.*
Galería Italarte, Roma, Italia. Colectiva. / *Italarte Gallery, Roma, Italy. Collective exhibition.*

2004 Galería Petroperú, Lima, Perú. Colectiva. / *Petroperú Gallery, Lima, Perú. Collective exhibition.*
Galería Pegasus, Buenos Aires. Colectiva. / *Pegasus Gallery, Collective exhibition. Buenos Aires.*

2003 Galería El Socorro, Buenos Aires. / *El Socorro Gallery, Buenos Aires.*

2002 Espacio Giesso. Colectiva. / *Giesso Space. Collective exhibition.*

2001 Casa de la Cultura Bonaerense, Vicente López. / *Buenos Aires Culture House, Vicente López.*

2000 Galería Esmeralda, Buenos Aires. / *Esmeralda Gallery, Buenos Aires.*

1999 Galería Esmeralda, Buenos Aires. Colectiva. / *Esmeralda Gallery, Buenos Aires. Collective exhibition.*

1996 Museo Irurtia, Buenos Aires. / *Irurtia Museum, Buenos Aires.*

1995 Fundación Andreani, Buenos Aires. / *Andreani Foundation , Buenos Aires.*

1994 Centro Cultural San Martín, Buenos Aires. / *San Martín Cultural Center, Buenos Aires.*
Fundación MOA, Buenos Aires. / *MOA Foundation, Buenos Aires.*

1992 Facultad de Filosofía y Letras, Universidad de Buenos Aires. / *Philosophy and Letters Faculty, Buenos Aires University. Collective exhibition.*

Alejandro
Varela

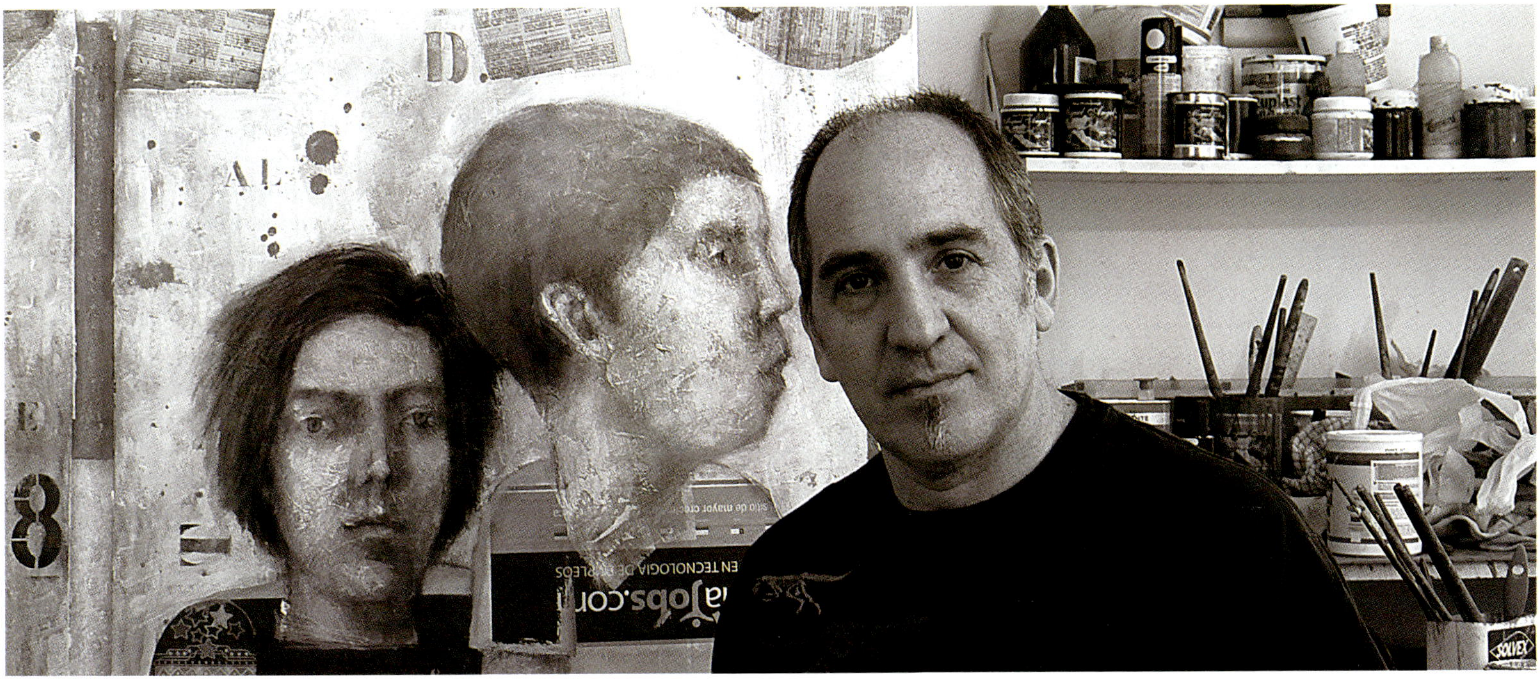

Encontrá tu
lugar en Dow

Text translation.

SMALL EXPIATORY

Prof. Osvaldo Mastromauro.
Internacional and Argentine Association fo Art Critics. Spring 2008.

The redeeming and saving capacity of the Art has been mentioned repeatedly, be to expiate ghosts, as to fill the existential holes with which the life has been emptying us; of course that is supplementary, because nothing replaces the presence of the work, and soon the used reasons fall down before the truth that she shouts to voices. Its testimonial value promptly is exceeded by the artistic one, since the first one is a condition perhaps necessary but never sufficient for the materialization of that one.
Chilhood as a predatory state and circumstance (mainly in its passive form), reduces to phantasmagoria what usually presents itself as the ideal state. It is the deforming memory that recovers it, since one is not conscious of "being", at least until one becomes an adult, as not very often it agrees with the sweetened landscape that of her is sold like an advertising product. Its positive significance evaporates because its reality vanishes. In short, an artificial paradise.

Collage as a form of memory. Alejandro Varela reflects this situation working in format collage, assembling with scraps an elusive reality, often indifferent, as it is usually that distant antechamber of maturity (that while it lives it is consumed in its own passing, and soon it returns through the wasteful memory): by means of textures, incorporation of the urban landscape, inclusion of letters and other legitimate plastic licenses, he outlines and frames its helpless figures, observing with exhaustiveness, stopping in details that lengthen the silhouette, others that fatten it to show the discrimination or the bad nutritional habits, portraying tenderly at the same time that denouncing the inequities that inhabit it.

His expresive little figures, between the margin and the periphery of the city, move between certain stillness and the invitation to the action: they indicate, point out, in general with a slightly enthusiastic air; others extracting forces from weakness in order to, from among the walls that hold their habitat, be individualized from so much monotony that equals everything.

About testimonies and other inequivalences. In this most personal vision, Varela trasmutes the diverse settings of the life of the neighbourhood in scenes that, close to the approximation or psychological portrait, they describe the innocence of the childhood flourishing along the guilt. For it, he sharpens the glance to penetrate this concealed reality, unveiling his entrails, refusing to the accomplice vision of production and consumption that other currents propose. His expressiveness is given naturally, through fillings and textures, which make the figures flat, devoid of thickness, almost dummies freed to an invisible wind that only allows them to play, although a secret intensity travels crosses them, as knowing perfectly well that in spite of its almost grotesque figurines, they will pass to the history by the magic of the pictorial portrait.

The omnipresent shade of Antonio Berni hovers, more like a departure point than an arrival one, by the social layers that it focuses, (specially the least favored), and knowing that everything is worth in the picture, while this one conserves its individuality: the adjusted chromatic scale that Alejandro Varela uses agrees both with the characters selected and with the modest small houses, stickers on the walls, and up to the clothes that cover as to the negligence to these children of the exile, while they exhibit proudly the T-shirt of their modest club, or the girls whisper among themselves.

Guiltless atonements. The precariousness of the childhood is shown as that to atone for: the aitía or Greek faults, which then the Christianity would turn into sin. In this signs subsystem, his figures are crossed by the flow that the global contamination extends to assembly, anonymous mandates of a world that A. Varela protects bidimensional at the time that it denounces through the nominal thing in his pictures; there be read on this matter the titles with which he gives the social-aesthetic temperature of them: Dale campión, De ayá somos, El Gordo al arco, Dame la guita, and others with critical accent such as Llame ya and Arte BA. In short, abstract codicil which lines and colors provide strong indications to decipher inequitable forms of the real thing.

Although his painting lines up towards which usually is called figurative, it is sustained in a symbolic economy of high conceptual value, giving signs of a manifest identity, trimming a temporary space that does his own with particular effectiveness. The picture, as a place of encounter of the spectator with the creator, is meantime pronounced transfigured by the human action, that exhibits characters of this particular specimen, capable of damaging his fellows without any reason.
The election of the first age and certain serial connotation places Alejandro Varela in a particular place of observation, that he returns with sharpness, collage cited by means of, without being rowdy, as if he is fighting with a burning theme; fresh and wise in his plastic resolutions.

THE ART AS EXPRESSION OF THE IDENTITY

Lic. in Museología Carlos Fernández Balboa
Consultant in management of the patrimony.

There are some "popular truths" that usually are pronounced in the world of the art. The first one is the preconception that exists among the ones that do not belong to the artistic universe, or those initiates who suppose that to enjoy a work one must be a specialist. Making an analogy, this would suppose that to listen to music it would be necessary to know of singing practice or to be able to read a score. Nevertheless in many museums and galleries, the exhibitions or the form in which the pictures are hang insist on exposing for "the specialists", leaving aside those that attend for the first time to this type of events. . . in that sense it would seem that it continues having a "culture of the art" and a "popular culture", difference encouraged by the own media that consume art. Even this it is noted in the public museums and then remains in the hands and decision of the expression of the artist the possibility that people can acces more easily to his work.

This is the case of the painting of Alejandro Varela. Perhaps the line or the subject matter that he undertakes allows to break that "elitist" vision of the approach to the art with a more nearby focus, more open to the perception of whom is looking at the work. Even without proposing it to himself, all Varela's work turns out to be motivating, even that which can be classified as the most abstract one, is "telling" us, transmitting something concrete, in many cases univocal. A light, a color, a line that is identifying of a space, of a place. For the ones who know Argentina, or more specifically the city of Buenos Aires, the work of Alejandro Varela has a defined identity. It suffices to see some works as "Dale Campión" or "El Gordo al arco" to realize that they have an Argentine vision, he expresses over our own facts and more specifically "from Buenos Aires", although the artistic representation can be interpreted universally.

And this is another question that is also open to the debate. Does the art aid to the concretion of an identity? Does an "Argentine" art exist? When we wonder this question we avoid those expressions that are undisputed, typical of the art of local customs and manners or the iconographic one, the one that we index thinking about the works of Quinquela Martin with all his series of La Boca or the testimonial works of Prilydiano Pueyrredón, or Antonio Berni, so as to mention some authors that are undoubtedly product of their space and time. Beyond tastes and styles this is a concretely Argentine art. But the work of Alejandro Varela carries us to another level, not so linear, in which we can see other aspects of the representation of the urban landscapes and their personages. There are elements like the light of the paintings (that light of Buenos Aires), the construction of those landscapes, that without remitting to something specific, they locate us in a well-known geography, in the gestures of those portrayed boys (unavoidable part of the own language of a culture), in the colors, (images with which we coexist) that cause that a work has greater affinity, connection, with the society from where the same one is produced.

The answer whether the art contributes to the creation of the identity is not definitive. But for those of us who work in the conservation and communication of the patrimony, understanding this as an identifying element of a society that preserves them, the answer is positive.

Undoubtedly a painter transmits in his art, many things that he himself does not propose upon carrying out his work. Something that prevails beyond his purpose as an artist: That is what is called "Intangible Patrimony". That part of the ethereal culture, of something that itself is not declared physically but that is there. It happens with the colors, with the fragrances, with the music: They represent an "I am from here", "I am this", "or "Here it happened this" . . . that is externalized implicitly or explicitly in every work of art. And, in spite of its apparent immateriality in the expression, this is shown in the painting of Alejandro Varela. This is without doubt an aggregate value to the mere pictorial expression. But for many people, is not a minor value, specially for a population as ours that is in the permanent search of its identity. Or perhaps is that search our own identity and the works of artists like Varela, seeking it, thus reflect it?

PAINTED CHILDREN

Ariel Pennisi
Cook, independent philosophy and social sciences researcher, professor, member of the Civil Association Arte Sin Techo.

To its way, the art says the same as the children.
Gilles Deleuze

The series of children proposed by Alejandro Varela show certain rusticity, a strange tonal harmony and a taken care economy of elements. Quickly, the "topic" begins to show between the pictorial resources and shouts:" lonely children in the large metropolis". The contrast, then, is not produced between the background and the figure or between the colors, but between the dramatism of the "topic" and the caution of the stroke; as if the painter was knowing by intuition that it is a question of the care. How to show them? Up to where to exhibit the "topic", that is to say, in some point, the children?

Observing the wandering of the infantile gestures, the economical composition produced so that a sign should take place, certain lack of definition between child and city, like two levels separated by the minimal necessary light; we can affirm that the easy representation is as present as truncated; that the "topic" is as evident as dark and that, finally, we know as much about it as so little we get ready to think it. The series seem to provoke us: "yes, they are lonely children, and what?"
These painted children move between pictorial movements, hey identify in fact with these movements. The gesture that is discovered in them seems for a moment to detach them of the picture. They will never say, they will remain almost mute, for saying in the gesture. Between that gesture and this word (nor to speak of this text . . .) there is an abyss. The emptiness that separates childhood and language. Agamben calls it a human experience.

Childhood is the always living possibility of being constituted from an affective covered constellation. To crawl, to walk, to advance resting on furniture, walls and people equally, to speak, to gesticulate, to laugh. The acts of the child are always previous to the chores of the adult. They precede them for not allowing to interpret themselves with facility, for presenting certain disorder opposite to domesticity, for staying safe from the custom and its inherent inertia. If the miniaturization of the adult roll operated by the toy can serve, in hands of a child, to a new use, that is to say, a singular appropriation or, why not, a new trip, the amplification with which the adult tries to represent the child produces certain irritation, given that it relegates the infantile potency to a purely imaginary and even grotesque dimension.

The comparison between the art and the children owes its relevancy to the way in which, in both cases, the lines and trajectories define an intern consistency legible across an affective and relational cartography. The intimacy of a child is not plagued of ghosts, but with roads. The ghosts, as the children represent them, come from the outside and play the protective function of the adults. In the same way, the "intimacy" of a painting is not done of the ghosts of the painter, but of internal directions that assemble field of color, of texture, of lines, of light. For example, in the series of children of Varela, the toilet paper is arranged on the fabric for the construction of an infantile face which limits are given by the materiality of the pictorial resources. To venture there is the specific task of the painter.

In one of his works, two girls seem to share the title of the painting: "There we go". But is it an affirmation or a question? How could they know so clearly their destiny? In any case the affirmation would turn out to be a contradiction in its terms, since of knowing so precisely their next future, the girls would be for the same reason waiting for its effective fulfillment. In that case we should correct the title — not without certain quota of arrogance—: "There we are". However, if we change the sign of our correction, the result can be also different: "There do we go?". It is the specific tone of almost all the series diplayed by Varela. Between the question, proper of the children, and certain distressed knowledge tied to the resigned look of the adult, a strange climate is constructed.
Will childhood, as an instance of the experience, be able to raise its own question? What will be left of those boys who make signs, alone or among them, in the flat urbanity painted scarcely behind their backs? Infancy is not a stage that is surpassed once and for all, but, according to the strange climate raised by the pictorial provocation — and taking into account some titles — the risk of its extinction makes the vitality of the question be in danger.

How do the children ask? The question of a child is insistent. It is the question as insistence. A child wants to ask and he is not necessarily interested in the answers. He asks but he does not want to know. For a child to ask does not mean to devote to a knowledge; asking is primarly an action. Also, if there is infantile thought, this one is closer to doing than to knowledge. The tired answers of the parents allow to see the difference between the enthusiasm of the question, the asking as an action, and the answer from the known thing that no longer does. And the fact is that for the adult the question appears like a question mark of this small and lacking of answers Me. For an adult any question without answer turns out to be dramatic as it denounces something unsolved. The rhetorical question, for example, expresses, when not tragedy, fatalism. The infantile question does not have anything of rhetoric and sometimes it supposes quite obvious answers. In these cases the children ask smiling and even looking for complicity. We are at the edge of the irony, figure that denies the ingenuous image of the infancy. The irony would consist of asking about the obvious thing allowing to see the obsolete character of the answer. A question that does and an answer that just says emptied of all effectiveness. The question, in this point, inhabits a limit, it is almost answered alone, it is almost not a question in the linguistic sense, it is almost pure doing.

Este libro está dedicado a:

Lauri, Palo y Sofi, mis amores, siempre.

Agradecimientos:

Claudio Roncoli

Laura Mariategui

Juan García Gayo

Laura Varela

Osvaldo Mastromauro

Carlos Fernández Balboa

Ariel Pennisi

Martín Riwnyj

Elvio Centurión

Ignacio Valdéz

Por confiar y participar en este proyecto, gracias.

Este libro se terminó de imprimir en Noviembre de 2008 en el Taller de la Cooperativa Chilavert Artes Gráficas,
imprenta recuperada y gestionada por sus trabajadores. M. Chilavert 1136, Buenos Aires, Argentina.
imprentachilavert@gmail.com

www.artvarela.com.ar
contacto@artvarela.com.ar

ALEJANDRO VARELA

PEQUEÑOS EXPIATORIOS